Sitzungsberichte

der

Heidelberger Akademie der Wissenschaften

Stiftung Heinrich Lanz

Mathematisch-naturwissenschaftliche Klasse

*) *Jahrgang 1921 erschien im Verlage von Carl Winters Universitätsbuchhandlung in Heidelberg.*

Im Verlag von Walter de Gruyter & Co. vormals G. J. Göschen'sche Verlagshandlung — J. Guttentag, Verlagsbuchhandlung — Georg Reimer — Karl J. Trübner — Veit & Comp., Berlin erschienen:

Abteilung A. Mathematisch-physikalische Wissenschaften.

Jahrgang 1922.

1. PERRON, OSKAR. Neue Summationsmethoden und Entwicklungen nach Polynomen. Reichsmark 0·30
2. PERRON, OSKAR. Über transzendente Funktionen auf RIEMANNschen Flächen. Reichsmark 0·60
3. BALDUS, RICHARD. Über die singulären Punkte reeller Parameterkurven. Reichsmark 0·50

Jahrgang 1923.

1. DEECKE, W. Mitteleuropäische Meeresströmungen der Vorzeit. Reichsmark 0·60
2. LIEBMANN, HEINRICH. Die LIE'sche Cyklide und die Inversionskrümmung. Reichsmark 0·40
3. PERRON, OSKAR. Über Gleichungen ohne Affekt. Reichsmark 0·40
4. LIEBMANN, HEINRICH. Beiträge zur Inversionsgeometrie III. Reichsmark 0·40
5. KRATZERT, J. Beitrag zur Kenntnis des Andesins von Bodenmais. Reichsmark 0·50

Jahrgang 1924.

1. TH. CURTIUS und A. BERTHO. Einwirkung von Stickstoffkohlenoxyd und von Stickwasserstoffsäure unter Druck auf aromatische Kohlenwasserstoffe. Reichsmark 0·50
2. LIEBMANN, HEINRICH. Umkehrung des Variationsproblems der ebenen Affingeometrie. Reichsmark 0·60
3. SALOMON, WILHELM. Die Itensitäten alluvialer und diluvialer geologischer Vorgänge und ihre Einwirkung auf die pliocäne Rumpffläche des Kraichgaues und Odenwaldes. Reichsmark 1·20
4. HEFFTER, L. Zur absoluten Geometrie. Reichsmark 0·60
5. VAN WERVEKE, L. Über die Entstehung der lothringischen Lehme und des mittelrheinischen Lößes. Reichsmark 1·50
6. KRULL, WOLFGANG. Die verschiedenen Arten der Hauptidealringe. Reichsmark 0·50
7. ROESER, ERNST. Übergang von der nichteuklidischen Streckentrigonometrie zur Winkelmessung. Reichsmark 0·30
8. WELLSTEIN, JULIUS. Zur Differentialgeometrie der isotropen Kurven. Reichsmark 1·50
9. EWALD RUDOLF. Die geodynamischen Erscheinungen des krystallinen Odenwaldes als Beispiel einer geoisostatischen Ausgleichsschwingung. Reichsmark 1·50
10. VOELCKER, ILSE. Über eine ganz junge Verwerfung bei Rauenberg im Kraichgau. Reichsmark 0·30
11. LIEBMANN, HEINRICH. Die Aufschließung von Differentialinvarianten. Reichsmark 0·50

[Fortsetzung siehe 3. Umschlagseite.]

*) Bestellungen auf solche Veröffentlichungen der math.-naturw. Klasse, welche früher im Verlag von Carl Winters Universitätsbuchhandlung in Heidelberg erschienen sind, nimmt auch der Verlag Walter de Gruyter & Co., Berlin, entgegen.

Sitzungsberichte
der Heidelberger Akademie der Wissenschaften
Mathematisch-naturwissenschaftliche Klasse
Jahrgang 1928. 9. Abhandlung.

Die Sätze von Lie und Gambier über Kurven eines Linienkomplexes

Von

Heinrich Liebmann
in Heidelberg

Vorgelegt
in der Sitzung vom 28. Juni 1928

Berlin und Leipzig 1928

Walter de Gruyter & Co.

vormals G. J. Göschen'sche Verlagshandlung / J. Guttentag, Verlagsbuchhandlung / Georg Reimer / Karl J. Trübner / Veit & Comp.

Die Sätze von Lie und Gambier über Kurven eines Linienkomplexes.

Sophus Lie hat zuerst bewiesen, daß alle von einem Punkt ausgehenden Kurven eines linearen Komplexes die Nullebene des Punktes daselbst zur gemeinsamen Schmiegungsebene haben und dieselbe Torsion besitzen.[1]) Geht man zu nichtlinearen Linienkomplexen über und betrachtet alle Komplexkurven, die von einem Linienelement ausgehn, so haben sie zwar noch die Schmiegungsebene gemein (die Tangentialebene des dem Punkt zugeordneten Komplexkegels längs der Erzeugenden, der das Linienelement angehört), nicht aber, wie Lie vermutete, die Torsion. Soll dies überall gelten, dann muß der Kegel eine Ebene, der Komplex also ein Nullsystem sein.

Diese Ergebnisse hat neuerdings Herr Gambier[2]) ganz wesentlich ergänzt, er gibt eine sehr schöne differentialgeometrische Konstruktion an, die Torsion und Krümmung der von einem Linienelement ausgehenden Komplexkurve in einfachster Weise mit der Torsion der von demselben Linienelement ausgehenden Kurven des berührenden linearen Komplexes und der sehr zweckmäßig hier eingeführten „Kegelkrümmung" des Komplexkegels verbindet.

Die folgenden Zeilen sind der Aufgabe gewidmet, auf analytischem Weg das Gambiersche schöne Ergebnis zu beweisen.

Der erste Beweis geht von spezieller Lage und spezieller Wahl der Linienkoordinaten aus, gewährt daher die einfachste analytische Einsicht; der zweite ist den doch recht oft gegen solche „spezielle Wahl" aus Gründen der Strenge oder der Eleganz ausgesprochenen Einwänden nicht ausgesetzt, aber die nachträgliche Deutung erscheint ziemlich unvermittelt.

---

[1]) Vgl. Sophus Lie, Gesammelte Abhandlungen III, Abhandlungen zur Theorie der Differentialgleichungen, herausgegeben von Friedrich Engel (Leipzig 1922), Seite 560—562 sowie Seite 770.

[2]) B. Gambier, Courbure et torsion des courbes d'un complexe linéaire ou non linéaire. Bulletin des sciences mathématiques L, 1826, 1, p. 43—50.

§ 1. Erster Beweis.

Als eine Nullebene des linearen Komplexes wählen wir die xy-Ebene, die Gerade $x = z = 0$ soll eine Komplexgerade sein.

Dann hat der Komplex die Gleichung

$$xz' - z = a(xy' - y) + bz',$$

er ist in sogleich genauer anzugebender Weise „berührender linearer Komplex" für alle Komplexe, deren Gleichung „in aufgelöster Form" durch

$$xz' - z = a(xy' - y) + bz' + \frac{1}{2}\Big\{a_{11}(y')^2 + 2a_{12}y'z' + 2a_{13}y'(xz' - z)$$
$$+ a_{22}(z')^2 + 2a_{23}z'(xy' - y) + a_{33}(xy' - y)^2\Big\} + \ldots$$

gegeben ist.

Das heißt: Alle Komplexkegel, die von Punkten Q der Umgebung von $P_0(x = y = z = 0)$ ausstrahlen, werden von den Nullebenen dieser Punkte berührt; genauer: haben mit ihnen zwei „unendlich benachbarte" Gerade gemein, deren Winkel von derselben Ordnung ist wie der Abstand P_0Q. Für den von P_0 ausstrahlenden Kegel gilt also, daß er die Nullebene $z = 0$ berührt und zwei zusammenfallende Gerade $g_0(y = z = 0)$ mit ihr gemein hat.

Krümmung und Torsion einer von P_0 ausgehenden, g_0 berührenden Komplexkurve sind durch

$$xz'' = axy'' + bz'' + a_{11}y'y'' + \ldots$$
$$z'' + xz''' = a(y'' + xy''') + bz''' + a_{11}(y'')^2 + \ldots$$

mit $x = 0$ bestimmt, also durch

$$z'' = 0, \quad ay'' + bz''' + a_{11}(y'')^2 = 0.$$

Hieraus liest man ab, daß alle diese Kurven dieselbe Schmiegungsebene $z = 0$, ferner die Krümmung

$$\frac{1}{r} = y''$$

und die Torsion

$$\frac{1}{\varrho} = -\frac{z'''}{y''} = +\frac{a}{b} + \frac{a_{11}}{b}y'' = \frac{1}{\varrho_0} + \frac{1}{r}\frac{a_{11}}{b}$$

besitzen. Daher ist $1 : \varrho_0$ gerade die Torsion der dem berührenden linearen Komplex ($a_{11} = 0$!) angehörenden g_0 berührenden Komplexkurven. (Nebenbei erkennt man leicht, daß $1 : \varrho_0$ von der Wahl von g_0 unabhängig ist.)

Nur der letzte Koeffizient bedarf noch der Deutung. Der zu P_0 gehörige Komplexkegel

$$b\frac{\zeta}{\xi} + \frac{1}{2}a_{11}\left(\frac{\eta}{\xi}\right)^2 + \ldots \quad = 0$$

hat längs g_0 eine „Kegelkrümmung“ $\varkappa$, das ist die Krümmung der Spur des Kegels auf der Einheitskugel im Schnittpunkt dieser Kugel mit g_0, und man findet sofort

$$\varkappa = -\frac{a_{11}}{b}$$

erhält also die GAMBIERsche Formel:

$$\frac{1}{\varrho} = \frac{1}{\varrho_0} - \varkappa\frac{1}{r}. —$$

Die hier gewählte Art der Begründung ist in andern Fällen oft mancher Kritik ausgesetzt worden, worauf nicht eingegangen werden soll. Jedenfalls ist sie am kürzesten und zwingt dazu, durch Deutung geometrisch erfaßt zu werden.

§ 2. **Zweiter Beweis.**

Es seien α, β, γ die Richtungscosinus der Tangente, l, m, n die der Hauptnormale, λ, μ, ν die der Binormale, so daß durch

$$\frac{dx}{ds} = \alpha, \quad \frac{d\alpha}{ds} = \frac{l}{r}, \quad \frac{dl}{ds} = -\frac{\alpha}{r} - \frac{\lambda}{\varrho}, \quad \frac{d\lambda}{ds} = \frac{l}{\varrho}$$

die SERRET-FRENETschen Formeln angedeutet sind.

Die Komplexgleichung ist

$$1)\quad f(\alpha, \beta, \gamma, y\gamma - z\beta, z\alpha - x\gamma, x\beta - y\alpha) = 0$$

und wird homogen von nullter Ordnung in α, β, γ und x, y, z. Bezeichnet man die partiellen Differentialquotienten nach den sechs homogenen Linienkoordinaten in der angegebenen Folge durch die Fußmarken 1 bis 6, dagegen die durch die Form der letzten drei Linienkoordinaten beeinflußten Differentiationen nach α, β, γ in üblicher Weise, so ist

$$2)\quad \begin{aligned} \frac{\partial f}{\partial \alpha} &= f_1 + z f_5 - y f_6, \\ \frac{\partial f}{\partial \beta} &= f_2 + x f_6 - z f_4, \\ \frac{\partial f}{\partial \gamma} &= f_3 + y f_4 - x f_5, \end{aligned}$$

und wegen der Homogenität

$$3)\quad \sum \alpha \frac{\partial f}{\partial \alpha} = 0, \quad \sum x \frac{\partial f}{\partial x} = 0,$$

Aus (1) erhält man dann durch Differentiation nach s

$$f_1 l + f_2 m + f_3 n + f_4 (yn - zm) + f_5 (zl - xm) + f_6 (xm - yn) = 0$$

oder

$$4)\quad \sum l \frac{\partial f}{\partial \alpha} = 0$$

und daher

$$5)\quad \lambda : \mu : \nu = \frac{\partial f}{\partial \alpha} : \frac{\partial f}{\partial \beta} : \frac{\partial f}{\partial \gamma}.$$

Hiermit ist also bewiesen, daß alle von demselben Linienelement ausgehenden Komplexkurven dieselbe Schmiegungsebene besitzen. Differenziert man (4) nach s, so erhält man

$$-\sum\left(\frac{\alpha}{r}+\frac{\lambda}{\varrho}\right)\frac{\partial f}{\partial \alpha}+\sum l\left(\frac{df_1}{ds}+z\frac{df_5}{ds}-y\frac{df_6}{ds}+f_5\gamma-f_6\beta\right),$$

wobei die Orientierung des begleitenden Dreikantes durch die Forderung

$$\begin{vmatrix} \alpha & \beta & \gamma \\ l & m & n \\ \lambda & \mu & \nu \end{vmatrix} = +1$$

normiert ist.

Man erhält also wegen (3)

$$-\frac{1}{\varrho}\sum\lambda\frac{\partial f}{\partial \alpha}+\sum l\left(\frac{df_1}{ds}+z\frac{df_5}{ds}-y\frac{df_6}{ds}+f_5\gamma-f_6\beta\right)=0.$$

Der berührende lineare Komplex ist durch

$$\alpha f_1^0+\beta f_2^0+\gamma f_3^0\,(y\gamma-z\beta)\,f_4^0+(z\alpha-x\gamma)f_5^0+(x\beta-y\alpha)\,f_6^0=0$$

gegeben, wobei diese Gleichung selbstverständlich dahin zu verstehen ist, daß für den linearen Komplex die Argumente $x^0, y^0, z^0, \alpha^0, \beta^0, \gamma^0$ in den f_ν festzuhalten sind, die sechs partiellen Differentialquotienten sind konstant. Da die von demselben Linienelement ausgehenden Kurven des Berührungskomplexes und des allgemeinen Komplexes betrachtet werden, kann später die Kopfmarke 0 fortgelassen werden, ohne daß ein Mißverständnis droht; (4), (5) zeigt, daß die Kurven Hauptnormale und Binormale gemein haben. Alo gilt für die Kurve des linearen Komplexes

$$-\frac{1}{\varrho_0}\sum\lambda\frac{\partial f}{\partial \alpha}+\sum l(f_5\gamma-f_6\beta)=0$$

und daher

$$\frac{1}{\varrho}=\frac{1}{\varrho_0}+\left(\sum l\left(\frac{df_1}{ds}+z\frac{df_5}{ds}-y\frac{df_6}{ds}\right)\right):\sum\lambda\frac{\partial f}{\partial \alpha}$$

Mit Rücksicht auf (5) ist dann

$$(6)\quad \frac{1}{\varrho}=\frac{1}{\varrho_0}\pm\frac{\sum l\left(\frac{df_1}{ds}+z\frac{df_5}{ds}-y\frac{df_6}{ds}\right)}{\left(\sum\left(\frac{\partial f}{\partial \alpha}\right)^2\right)^{\frac{1}{2}}},$$

wobei das Vorzeichen nicht allgemein festgelegt werden kann, weil (5) zur Bestimmung nicht ausreicht. Der Zähler kann auch geschrieben werden

$$Z=\begin{vmatrix} \frac{df_1}{ds}+z\frac{df_5}{ds}-y\frac{df_6}{ds} & \frac{df_2}{ds}+x\frac{df_6}{ds}-z\frac{df_4}{ds} & \frac{df_3}{ds}+y\frac{df_4}{ds}-x\frac{df_5}{ds} \\ \alpha & \beta & \gamma \\ \lambda & \mu & \nu \end{vmatrix}$$

Wir wenden uns jetzt der Kegelkrümmung $\varkappa$ zu. Der Komplexkegel in x, y, z hat die Gleichung

$$f(\xi - x, \eta - y, \zeta - z, \zeta y - \eta z, \xi z - \zeta x, \eta x - \xi y) = 0$$

Die Tangentialebene längs der Mantellinie g_0, nämlich

$$\xi - x : \eta - y : \zeta - z = \alpha : \beta : \gamma$$

ist aus (1) durch

$$\sum (\xi - x) \frac{\partial f}{\partial \alpha} = 0$$

gegeben, und die Kegelkrümmung $\varkappa$ längs g_0, d. h. der Grenzwert des Winkels der Tangentialebenen längs g_0 und einer benachbarten Mantellinie g, dividiert durch den Winkel dieser Mantellinien — für den Fall, daß g in g_0 übergeht, durch

$$7) \qquad \varkappa = \frac{\begin{vmatrix} \sum \left(\frac{\partial f}{\partial \alpha}\right)^2 & \sum \frac{\partial f}{\partial \alpha} \frac{d}{dv} \frac{\partial f}{\partial \alpha} \\ \sum \frac{\partial f}{\partial \alpha} \frac{d}{dv} \frac{\partial f}{\partial \alpha} & \sum \left(\frac{d}{dv} \frac{\partial f}{\partial \alpha}\right)^2 \end{vmatrix}^{\frac{1}{2}}}{\sum \left(\frac{\partial f}{\partial \alpha}\right)^2 \left(\sum \left(\frac{d\alpha}{dv}\right)^2\right)^{\frac{1}{2}}}$$

Bei dieser Differentiation ist

$$\sum \frac{\partial f}{\partial \alpha} \cdot \frac{d\alpha}{dv} = 0$$

$$\sum \alpha \frac{d\alpha}{dv} = 0$$

Man kann mit Rücksicht auf (4) also

$$\frac{d\alpha}{dv} = l, \quad \frac{d\beta}{dv} = m, \quad \frac{d\gamma}{dv} = n$$

setzen, was mit

$$\frac{d\alpha}{dv} = \frac{l}{r}, \quad \frac{d\beta}{ds} = \frac{m}{r}, \quad \frac{d\gamma}{ds} = \frac{n}{r}$$

zusammenzuhalten ist. Man sieht jetzt, daß die Beziehung gilt

$$\frac{df_1}{ds} + z \frac{df_5}{ds} - y \frac{df_6}{ds} = \frac{1}{r} \frac{d}{dv} \left(\frac{\partial f}{\partial \alpha}\right)$$

Wir bilden sodann Z^2 und erhalten

$$\frac{1}{r^2} \begin{vmatrix} \sum \left(\frac{d}{dv} \frac{\partial f}{\partial \alpha}\right)^2 & \sum \alpha \frac{d}{dv} \frac{\partial f}{\partial \alpha} & \sum \lambda \frac{d}{dv} \frac{\partial f}{\partial \alpha} \\ \sum \alpha \frac{d}{dv} \left(\frac{\partial f}{\partial \alpha}\right) & 1 & 0 \\ \sum \lambda \frac{d}{dv} \left(\frac{\partial f}{\partial \alpha}\right) & 0 & 1 \end{vmatrix}$$

Da aber

$$\sum \alpha \frac{\partial f}{\partial \alpha} = 0$$

und

$$\sum \frac{da}{dv}\frac{\partial f}{\partial a} + \sum a \frac{d}{dv}\frac{\partial f}{\partial a} = 0$$

aber auch

$$\sum l \frac{\partial f}{\partial a} = 0,$$

so ist

$$\sum a \frac{d}{dv}\left(\frac{\partial f}{\partial a}\right) = 0,$$

also

$$Z^2 = \frac{1}{r^2}\left\{\sum\left(\frac{d}{dv}\frac{\partial f}{\partial a}\right)^2 - \left(\sum \lambda \frac{d}{dv}\frac{\partial f}{\partial a}\right)^2\right\}$$

$$= \frac{1}{r^2 \sum\left(\frac{df}{\partial a}\right)^2}\left\{\sum\left(\frac{d}{dv}\frac{\partial f}{\partial a}\right)^2 \cdot \sum\left(\frac{\partial f}{\partial a}\right)^2 - \left(\sum \frac{\partial f}{\partial a}\frac{d}{dv}\frac{\partial f}{\partial a}\right)^2\right\}$$

und man erhält aus (6) und (7)

$$8)\qquad \frac{1}{\varrho} = \frac{1}{\varrho_0} \pm \frac{\varkappa}{r}$$

also GAMBIERS Formel mit der von ihm selber angegebenen und diskutierten Vorzeichenunsicherheit behaftet, die in § 1 bei der Berechnung von $\varkappa$ mehr versteckt als vermieden worden ist.

Die „allgemeine symmetrische Methode" dieses § 2 wird man kaum so durchsichtig gestalten können, wie die Betrachtungsweise in § 1. Freilich ist dort von der Wahl einer „speziellen Lage" reichlich Gebrauch gemacht, für gewichtige Autoritäten wohl seit SALMONS und HESSES Zeiten eine *crux* oder doch ein schlimmer Schönheitsfehler.

Abteilung B. Biologische Wissenschaften.

Jahrgang 1923.

1. Kossel, A. und R. E. Gross. Über die Darstellung und quantitative Bestimmung des Arginins. Reichsmark 0·30

Von Jahrgang 1925 ab findet die Trennung in Abteilung A und B nicht mehr statt.

Jahrgang 1925.

1. Heffter, Lothar. Zur absoluten Geometrie II. Reichsmark 0·50.
2. Roeser, Ernst. Die komplementären Figuren der nichteuklidischen Ebene. Reichsmark 0·50
3. Fladt, Kuno. Neuer Beweis f. d. Zuordnung von rechtwinkligem Dreieck und Spitzeck in der hyperbolischen Elementargeometrie. Reichsmark 0·30
4. Salomon, Wilhelm. Beobachtungen über Harnische. Reichsmark 0·70
5. Loewy, A. Beiträge zur Algebra. 1—4. Reichsmark 1·—
6. Hellpach, Willy. 2. Mitteilung zur Physiognomik der deutschen Volksstämme Reichsmark 0·30
7. Loewy, Alfred. Neue elementare Begründung u. Erweiterung der Galois'schen Theorie. Reichsmark 2·—
8. Curtius, Theodor u. Bertho, Alfred. Einwirkung von Stickstoffkohlenoxyd und von Stickstoffwasserstoffsäure unter Druck auf aromatische Kohlenwasserstoffe. Reichsmark 0·40
9. Roeser, Ernst. Die gnomonische Projektion in der hyperbolischen Geometrie· Reichsmark 0·70
10. Rasch, G. Über die Ausnützung der Gezeiten des Meeres zur Energiegewinnung. Reichsmark 0·80
11. Salomon, Wilhelm. Magmatische Hebungen. Reichsmark 1·20
12. Pütter, A. Altersbestimmungen an Drachenbäumen von Tenerife. Reichs mark 0·90
13. Volk, Otto. Über geodätische rhombische Kurvennetze auf krummen Flächen, insbesondere auf Flächen konstanter Krümmung. Reichsmark 1·10
14. Roeser, Ernst. Die Fundamentalkonstruktion der hyperbolischen Geometrie. Reichsmark 1·40
15. Rüger, L. u. Rüger-Haas, P. Palaeosemaeostoma geryonides v. Huene sp. eine sessile Meduse aus dem Dogger von Wehingen i. W. und Medusina liasica nov. sp., eine coronatenähnliche Meduse aus dem mittleren Lias von Hechingen i. Württemberg. Reichsmark 1·50

Jahrgang 1926.

1. Krull, Wolfgang. Theorie und Anwendung der verallgemeinerten Abelschen Gruppen. Reichsmark 1·70
2. Klebs, Georg. Über periodisch wachsende tropische Baumarten. Reichsmark 1·20
3. Müller, Max. Über die Oberfläche von Flächenstücken. Reichsmark 1·20
4. Ernst, Max. Über Anlagen von Organen, die nicht zur Ausbildung gelangen. Reichsmark 0·50
5. Ernst, Emil. Die optischen Eigenschaften des Andesins von Bodenmais Reichsmark 1·10
6. Liepmann, Wilhelm. Leichengeburt bei Ichthyosauriern. Reichsmark 0·90
7. Klebs, Georg. Über die Längenperiode der Internodien. Reichsmark 2·40
8. Jost, L. u. v. Ubisch, G. Zur Windefrage. Reichsmark 0·80
9. Salomon, Wilhelm. Gibt es Gesteine, die für bestimmte Erdperioden charakteristisch sind? Reichsmark 0·30
10. Roeser, Ernst. Der reelle Übergang zwischen den beiden nichteuklidischen Geometrien und ihrem Parallelenbegriff. Reichsmark 1·20
11. Salomon, Wilhelm. Kugelförmige Absonderung. Reichsmark 0·80
12. Salomon, Felsenmeere und Blockstreuungen. Reichsmark 0·80
13. Salomon, Die Gruppendefinitionen in der Paläontologie. Reichsmark 0·90

Jahrgang 1927.

1. Loewy, Alfred. Neue elementare Begründung und Erweiterung der Galoisschen Theorie. Reichsmark 1·60
2. Liebmann, Heinrich. Rhombische Geradennetze im Raum. Reichsmark 1·—
3. Volk, Otto. Über geodätische Dreiecknetze auf Flächen konstanten Krümmungsmaßes. Reichsmark 1·80
4. Pütter, A. Chemische Reizwirkung und Giftwirkung. Mit einem mathematischen Anhang: Ein Diffussionsproblem von E. Trefftz. Reichsmark 2·40
5. Rembs, Eduard. Die Verbiegung des verlängerten Rotationsellipsoids. Reichsmark 1·60
6. Mayer, Adolf. Naturwissenschaftliche Ästhetik Reichsmark 0·90
7. Mayer, Adolf Naturwissenschaftliche Volkswirtschaftslehre. Reichsm 0·80
8. Baer, R., Kapferer, H., Krull. W. Schmidt, F. K. Beiträge zur Algebra. Nr. 5—10. Reichsmark 6·20
9. Müller, Max. Über die Eindeutigkeit der Intregale eines Systems gewöhnlicher Differentialgleichungen und die Konvergenz einer Gattung von Verfahren zur Approximation dieser Integrale. Reichsmark 2·50
10. Freudenberg, Karl. Intramolekulare Umlagerung optisch-aktiver Systeme Reichsmark 1·—
11. Roeser, Ernst. Abbildung der hyperbolischen Ebene auf die Kugel mittels der Beziehung zwischen Lot und Parallelwinkel. Reichsmark 1·—
12. Rüger, L. Die direkte gebirgsgetreue Übertragung der auf dem Universaldrehtisch gewonnenen Messungsergebnisse gebirgsorientierter Schliffe in das Diagramm. Reichsmark 1·20
13. Jost, L. Elektrische Potentialdifferenzen an der Einzelzelle. Reichsmark 1·90

Jahrgang 1928.

1. Rüger, L. Einige Bemerkungen zur Darstellung tektonischer Elemente, insbesonders von Klüften und Harnischen. Reichsmark 1·20 —
2. Herbst, Curt. Untersuchungen zur Bestimmung des Geschlechts. Ein neuer Weg zur Lösung des Geschlechtsbestimmungsproblems bei Bonellia viridis. Reichsmark 1·50
3. Merton, Hugo. Untersuchungen über die Entstehung amöbenähnlicher Zellen aus absterbenden Infusorien. Reichsmark 2·20
4. Baer, Reinhold. Zur Einordnung der Theorie der Mischgruppen in die Gruppentheorie. Reichsmark 2·20
5. Baer, Reinhold. Über die Zerlegungen einer Mischgruppe nach einer Untermischgruppe. Reichsmark 1·50
6. Roeser, Ernst. Komplementäre Körper der beiden nichteuklidischen Geometrien. Reichsmark 1·—
7. Krull, Wolfgang. Primidealketten in allgemeinen Ringbereichen. Reichsmark 1·10
8. Salomon, Wilhelm. Geologische Beobachtungen des Leonardo da Vinci. Reichsmark 0·90
9. Liebmann, Heinrich. Die Sätze von Lie und Gambier über Kurven eines Linienkomplexes. Reichsmark 0·90

Abhandlungen der Heidelberger Akademie der Wissenschaften

Mathematisch-naturwissenschaftliche Klasse

Abteilung A

12. Mohr, Ernst. Über den Zusammenhang zwischen der Struktur und den morphologischen Merkmalen des Diamanten. 1924. Reichsmark 3·50
13. Reinmuth, Karl. Die Herschel-Nebel, nach Aufnahmen der Königstuhlsternwarte. 1926. Reichsmark 20·—
14. Salomon, Wilhelm. Die Erbohrung der Heidelberger Radium-Sol-Therme und ihre geologischen Verhältnisse. 1927. Reichsmark 8·—

Druck: Hermann Böhlaus Nachfolger Hof-Buchdruckerei G. m. b. H. Weimar.

FSC
www.fsc.org
MIX
Papier | Fördert gute Waldnutzung
FSC® C083411

Zeitfracht Medien GmbH
Ferdinand-Jühlke-Straße 7
99095 Erfurt, Deutschland
produktsicherheit@kolibri360.de